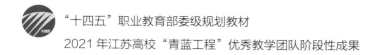

"十四五"职业教育部委级规划教材

2021 年江苏高校"青蓝工程"优秀教学团队阶段性成果

指尖的绽放

手工造花艺术的创意设计

朱莉　编著

中国纺织出版社有限公司

内 容 提 要

本书内容包括手工造花的基础操作技法、详细制作步骤、创意衍生设计案例、精美作品图片、实物实际大小的手绘纸型等，其中详细介绍了运用传统手工造花技艺制作出逼真、极具艺术感布花的方法。

本书附有配套教学示范视频资料，力求打造新形态一体化教材。本书可作为服装与服饰设计专业教材，也可供服饰配件设计爱好者参考阅读。

图书在版编目（CIP）数据

指尖的绽放：手工造花艺术的创意设计 / 朱莉编著
. --北京：中国纺织出版社有限公司，2022.10
"十四五"职业教育部委级规划教材
ISBN 978-7-5180-9837-8

Ⅰ. ①指… Ⅱ. ①朱… Ⅲ. ①布料—手工艺品—制作—职业教育—教材 Ⅳ. ①TS973.51

中国版本图书馆CIP数据核字（2022）第165662号

责任编辑：亢莹莹　　责任校对：楼旭红
责任印制：王艳丽

中国纺织出版社有限公司出版发行
地址：北京市朝阳区百子湾东里 A407 号楼　邮政编码：100124
销售电话：010—67004422　传真：010—87155801
http://www.c-textilep.com
中国纺织出版社天猫旗舰店
官方微博 http://weibo.com/2119887771
北京华联印刷有限公司印刷　各地新华书店经销
2022 年 10 月第 1 版第 1 次印刷
开本：787×1092　1/16　印张：9
字数：152 千字　定价：59.80 元

凡购本书，如有缺页、倒页、脱页，由本社图书营销中心调换

　　本书的编写立足于党的十八届五中全会关于"构建中华优秀传统文化传承体系，加强文化遗产保护，振兴传统工艺"和《中华人民共和国国民经济和社会发展第十三个五年规划纲要》关于"制定实施中国传统工艺振兴计划"的背景。依靠"北京绢花"传统工艺资源，通过重塑工匠精神，延续造物文脉，夯实传承基础，塑造工艺境界，在坚守传统服饰工艺文化内核，做好传承使命的基础上，提炼传统文化要素，大胆创新，探索传统服饰工艺与现代时尚创新设计的融合之路，大力促进中国传统装饰工艺的传承与振兴。

　　目前市面上关于手工造花技艺的书籍多是日语翻译书籍，且都是单纯的花型示范类纸质书籍，适用于对此技法感兴趣的社会人士，并不能满足专业院校教师在不同学时、不同学情环境、不同教学方法下使用教材的需求。本书配有成套的视频资料，以及在线开放课程，不仅适用于一门课程，可以通过数字化资源模块化组合，更适用于不同教学内容的授课，以及更多的课程和场景，使教材建设从提供产品到提供服务转变，丰富了教材建设的内涵。

　　服装与服饰设计作为一门综合性、应用型的专业，随着社会对传统技艺的传承需求及高级定制行业的日益发展，设计流程、设计方法和设计工具在不断地更新，审美功能和使用功能也在不断地变化，对教授知识的时效性要求很高。"手工造花"作为一门新型课程对传统技艺的传承，以及高级定制的发展都起到了至关重要的作用。它是理论与实践相结合的课程，其学习的最终目的是更好地服务于服装与服饰设计专业，学生作为学习主体，在教师指导下掌握中华传统服饰装饰工艺之手工造花文化、技艺、传承与应用，培养与专业相关的知识与能力，从而为"服装设计工作室""毕业设计"等课程打下良好的基础。

　　"手工造花"在本校服装设计学院作为二年级学生的专业课程已开课四余年，通过对本课程的学习，可从最初的一块布，经过剪裁花瓣到染色、风干、熨烫塑形，粘贴造型，整体组合，渲染、按压、揉捻等，完成花的造型乃至创意服饰衍生品，整个创作过程都充满了趣味性和成就感。学生对烫花这门中国传统文化及手工艺保持着浓厚的学习兴趣，在传承的同时进行创新研究，培养了学生对中国传统文化的理解能力及对传统文化的审美和创新能力，对我国传统文化的传播起到了积极的作用。

2022年7月

目录 CONTENTS

第一章　邂逅造花艺术

第二章　一朵造花作品的诞生

第三章 花花万物

第四章 造花艺术的创意应用

第一章

邂逅造花艺术

第一节 ❀ 造花艺术概述

一、造花工艺的起源

造花工艺在中国有着悠久的历史，既是古老的宫廷御用品，又是民间不可缺少的礼仪装饰花卉。隋唐时期是华夏花艺的黄金时代，手工艺人们制作绢花、通草花、插花的精湛技艺令人叹为观止，此后流传至日本。

布艺染色造花是一项美丽而高雅的手工艺，"造花"一词来自日本，在国内大家熟悉的称呼是绢花，目前国内可见的有绒花、通草花、缎带花、古布花、细工花、烧花、染色花等，即用专业的布料和烫头制作出栩栩如生又极具艺术美感的花朵。从剪裁花瓣到染色、风干、熨烫塑形，粘贴造型，整体组合，一遍遍渲染、按压、揉捻等，最后完成花的造型。那些精心设计、匠心手作的布花被用于装饰服装和帽子等服饰品，也被用于烛台、镜框、餐具、人偶、首饰盒等。现今，造花技术更加纯熟，被广泛用在服饰设计、家居装饰上，用途更加多变。与以往相比，造花不再只是贵族的要求，而是每个人的需求，这也造成市场上的造花供不应求，凡是手作造花，价格都居高不下。

造花（绢花）除在日常生活中被广泛使用外，一些影视作品中也能看到其身影。细数经典的宫廷剧或古典巨著中都曾出现过绢花的身影，富家小姐、年轻格格、气质贵妃无一不需要绢花的点缀（图1-1～图1-3）。

二、造花艺术的发展

在一千七百多年前，中国就已经有了用丝织物制花的技艺。至隋唐起技艺日渐成熟，受清代宫廷自上而下的影响，绢花成了人们

图1-1　绢花造型①　　　　　　　　　　图1-2　绢花造型②

图1-3　绢花造型③

生活中必不可少的装饰品，其制作曾一度达到了技术与艺术的发展顶峰。在20世纪的欧美地区，手工造花主要用于高级定制艺术领域。技艺传承至今，从过去的宫廷陈设、室内装饰、贵族服装配饰，到成为现代高级时装定制的头牌宠儿，手工造花被更广泛地运用到时装设计及帽饰设计中。

　　造花、刺绣、钉珠等都是服饰高级定制中常见的手工艺。高级定制中的"高级"不仅体现在设计高级、创意高级，也包含了工艺制作的高级。"定制"则是汇集了高端工艺与技术的制作。服装、服饰中手工艺的精良设计与呈现是高级定制的精髓之一。随着时代的发展，手工造花开始用于奢侈品品牌的高级定制及高档礼服。造花艺术在高级定制中可谓经久不衰，立体欧根纱或真丝制作的量感花朵为婚纱礼服带来完美更新，赋予了其更多的浪漫空灵感。不同于机械批量生产的布花，手工造花的每一朵花瓣都经历了从剪瓣、染色到烫瓣和造型的纯手工过程，不会出现完全相同的两片花瓣，更不会有完全相同的两朵花，同样的布料在造花师的组合下可以呈现不同的花朵，每一朵花都是独一无二的（图1-4～图1-6）。

　　每个人心里都有一朵花，不同的颜色，不同的姿态。鲜花易凋谢，而布艺造花却能凝固鲜花绽放过程中最美丽的瞬间。

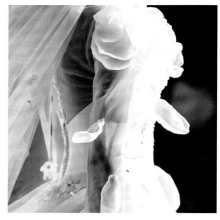

图1-4 手工造花① 　　　　　　　　图1-5 手工造花②

图1-6 手工造花③

第二节 ❀ 造花面料

一、造花常用的面料

1. 纱质类

如乔其纱、棉纱、雪纺、顺纡绉、西丽纱，此类面料通常呈半透明状态，质感较为轻薄（图1-7～图1-11）。

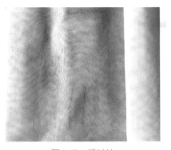

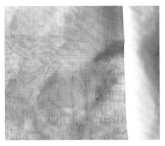

图1-7　乔其纱　　　　　　　　　　　图1-8　棉纱

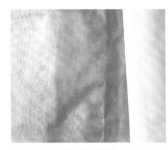

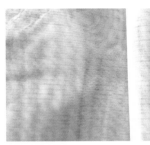

图1-9　雪纺　　　　　　图1-10　顺纡绉　　　　　　图1-11　西丽纱

2. 中等厚度真丝面料

如电力纺、府绸、薄绢、双绉，此类面料比纱质面料略厚，带有微微的光泽感（图1-12～图1-16）。

图1-12　电力纺　　　　　　　　　　图1-13　府绸

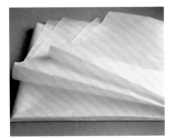

图1-14　薄绢①　　　　　　图1-15　薄绢②　　　　　　图1-16　双绉

3. 棉麻类

如真丝棉、木棉、苎麻、杭纺，此类面料表面有微绒，质感偏厚（图1-17～图1-20）。

图1-17 真丝棉

图1-18 木棉

图1-19 苎麻

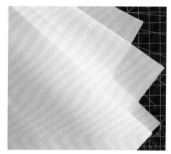

图1-20 杭纺

4. 缎类

如8000缎、亮缎、彩虹缎、素绸缎、斜纹缎，此类面料质感偏硬，偏脆，正面光泽度高（图1-21～图1-25）。

图1-21 8000缎

图1-22 亮缎

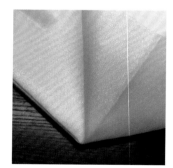

图1-23 彩虹缎

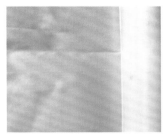 

图1-24　素绸缎　　　　　　　　　　　图1-25　斜纹缎

5. 绒类

如平面绒、新丝绒、长毛绒，此类面料材质厚重，面料正面有一层绒毛覆盖（图1-26～图1-28）。

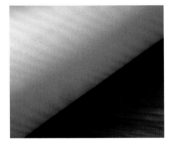  

图1-26　平面绒　　　　　　　图1-27　新丝绒　　　　　　　图1-28　长毛绒

二、造花面料的选择

造花工艺作为一种服饰装饰工艺，在与服装进行搭配结合时，造花面料的选择也是一个不可或缺的重要元素。造花作品是否与服装相搭配，除了设计理念、色彩等，面料的选择也至关重要。

花朵的形态各异、表情不一，不同的造花需要用各式面料进行表达。所以造花面料也有厚薄、软硬、光泽、质感等的区别。不同的面料做出来的作品，在造型和花瓣所展现的表情方面是不一样的，传达出的视觉感受也是不一样的。轻薄柔软质地的面料呈现恬静温润的效果；透明质地的轻薄面料呈现朦胧清透、仙气柔美的效果；厚重硬朗的面料呈现扎实沉静的效果，能增加量感、体积感；有光泽的面料会增添几分高雅尊贵，使花朵姿态更显雍容。

造花面料无论是在染色、搓揉，或是组合时，都会体现各类面料独有的特性。设计师在进行造型设计时，应根据设计所需及相应的造型需求，选择面料进行设计。这样就会事半功倍，做出相得益彰的造花作品与服装完美融合。

需要注意的是，造花使用面料需是天然纤维面料，如丝、棉类，不建议使用化纤面料，因为化纤面料不易染色，且在烫花的过程中不耐高温，容易烫化，故不宜用来做造花。

三、造花面料的加工

除了专门造花用已经上过浆的布以外，在裁剪普通的布时，防止布边的脱落及布形变样，一定要先上一层胶水。如果是要表现柔软的感觉，也可以不用上浆。

浆上得太硬，布花就会失去优雅的感觉，所以上浆的程度如何，要依据布花的种类。一般上浆的方法如下：在一杯热开水中加入适量的南宝树脂胶水，胶与水的比例是1∶5，用勺子慢慢和匀，使其呈黏稠状，冷却待用。

把布熨烫平整，整个放入调好的胶浆中，用刷子把浆刷匀于布的两面，轻轻地擦去多余的胶浆，用夹子把布片固定在绳子上，使它慢慢晾干（图1-29～图1-34）。

图1-29 胶与水

图1-30 胶浆

图1-31 将布浸入胶浆

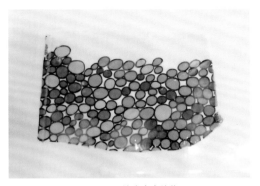

图1-32 擦去多余胶浆

图1-33 固定晾晒

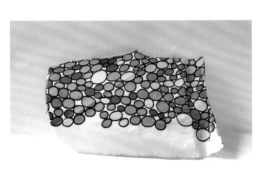

图1-34 完成上浆

第三节 ❀ 造花工具

一、造花的常用工具

造花的常用工具有尺子、镊子、锥子、剪刀、竹签、消色笔等（图1-35）。

二、烫花器的种类及配件

烫花器通电后加热，不同的烫头用于烫出花瓣或叶子的不同形态。24头套装烫花器大体可以制作出一般普通的花型，特殊的花需要用到特制的烫头（图1-36）。

图1-35　造花工具

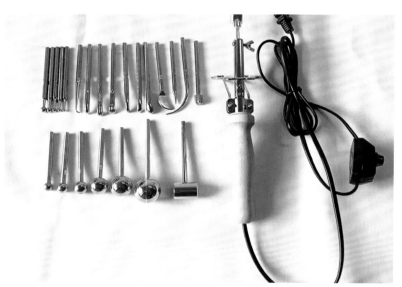

图1-36　24头套装烫花器

三、造花材料

造花材料有花瓣用布、烫花垫、南宝树脂、花芯、花蕾、果实、卷纸铁丝、苯乙烯圆球、棉花、丝带、金属配件、装饰配件等（图1-37）。

四、染色工具

染色工具有染料、染色盘、毛笔、勾线笔、马克笔等（图1-38）。

图1-37　造花材料

图1-38　染色工具

一、色彩搭配原理与技巧

我们生活在充满色彩的世界里，色彩一直刺激着我们最为敏锐的视觉器官，也是各种作品所能反映出来的第一印象。

色彩三要素：色相、明度、纯度（图1-39）。

色相指的是色彩的样貌，是用来区分颜色的标准，如红、黄、蓝等。如图1-40所示为十二色环的颜色，分别是红、橙红、橙、黄橙、黄、黄绿、绿、绿蓝、蓝、蓝紫、紫、紫红。

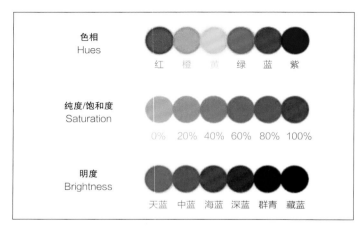

图1-39　色彩三元素

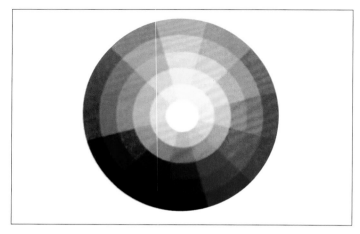

图1-40　色相

同类色：对比较弱，配色具有舒服、统一、柔和、和谐的视觉效果（图1-41）。

邻近色：在色相对比较弱，配色具有和谐、统一的视觉效果。

类似色：有一定的视觉冲击力和视觉层次感，配色具有丰富画面又有和谐、统一、阳光、活泼的视觉效果。

对比色：有较强的视觉冲击力和视觉层次感，配色具有跳跃性、突出、点缀能力强的视觉效果。

互补色：在色相环上呈一条直线，配色具有强烈的视觉冲击力、跳跃性。

1. 同类色调配色

在色彩搭配原理与技巧中，同类色调的颜色的纯度都具有共同性，不同的色调会产生不同的色彩效果，将纯色调全部放在一起，能体现出一种活泼感。在选择颜色时，一般都会采用同类色调的配色手法，使视觉效果更容易进行整体的色彩调和。

2. 类似色调配色

类似色调配色是色调图中相邻的两个或两个以上的色调搭配在一起的配色方法，类似色调的特征在色调与色调之间的微妙差异，因为都是差不多相同的色调，所以不会产生呆滞感，将深色调和暗色调搭配在一起，还能产生一种昏暗效果。

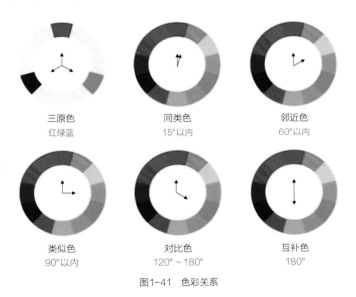

图1-41　色彩关系

3. 对比色配色

对比色调配色是指，相隔较远的两个或两个以上的颜色搭配在一起的配色方法，根据色彩的差异，能形成鲜明的视觉对比效果，因此能产生一种对比的调和感，在选择配色时，会因为横向或纵向的明度和纯度上有所差异。例如，当浅色调和深色进行调配时，会因为深与浅的明暗对比，其鲜艳的色调和灰浊的色调搭配，会形成纯度上的差异，从而影响视觉效果。

4. 明度配色

明度的变化可以改变事物的立体感和远近感，例如，希腊的雕刻艺术就是通过光影的作用产生了许多黑白灰的相互关系，形成了立体感，中国的国画也经常会使用无彩色的明度搭配，有彩色的物体也会受到光影的影响产生明暗效果。

在色彩搭配原理与技巧中，一般的色彩明度分为高明度、中明度及低明度三种，其中高明度配高明度、中明度配中明度、低明度配低明度，都属于相同的明度配色，一般使用明度相同和纯度变化的配色方式，高明度配中明度、中明度配低明度，属于略微不同的明度配色，高明度配低明度属于对照明度配色。

二、染色的方法

染色步骤如图1-42～图1-46所示。

（1）准备好造花用花瓣布，花瓣中心用锥子穿孔备用，单片花瓣不用穿孔。

（2）用夹子夹着花瓣，浸入水中浸湿，后在纸上吸去多余的水分。

（3）将布放入调色盘中，从深色部分开始向浅色着色，勾勒出花边。

（4）叶子的着色，从底部开始向上上色。

（5）干燥后，再用深色勾勒出叶脉、花纹或斑点。

（6）布片干燥后，若颜色未达到所需要的浓度，可以进行第二次着色。

（7）晾干着好色的花瓣和叶子。

图1-42　浸湿花瓣布　　　　　　　　　　图1-43　吸去多余水分

图1-44　花瓣着色

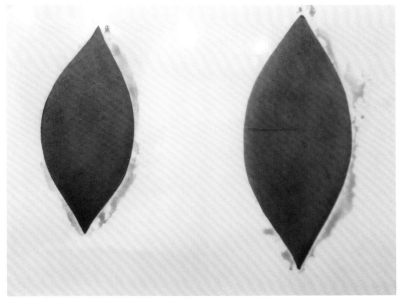

图1-45　叶子着色

图1-46　晾干

第二章

一朵造花作品的诞生

第一节 ❖ 完整造花作品的制作方法

（1）剪瓣，在真丝布料上转印好花瓣，通过手工裁剪做成造花原材料，需要尽可能保证花瓣大小、形状变化（图2-1）。

（2）染色，根据成品的花型与花色对布料进行染色与晕染，使花瓣呈现出自然的色彩（图2-2）。

（3）烫瓣，使用烫花器将花瓣烫成合适的花型（图2-3）。

（4）赋予表情，"表情"是花瓣细节的统称。例如，蔷薇花花瓣的卷边、叶脉的褶皱等，揉捏表情也是制作过程中最奢侈的环节，细腻的表情能让花朵更加传神。

（5）花托、叶子的制作，根据需要裁剪、染色、烫制出合适的叶子和花托（图2-4～图2-6）。

（6）组合，把揉捏好的花瓣、叶脉、花托根据花型一片一片地组合成一朵完整的花朵（图2-7）。

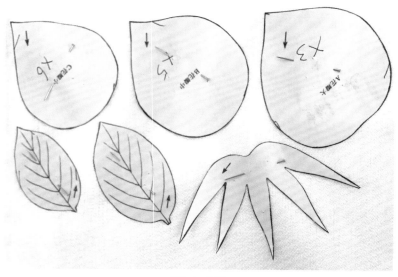

图2-1 剪瓣

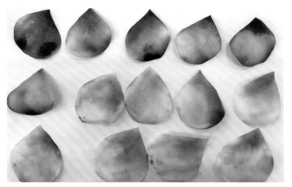

图2-2 染色

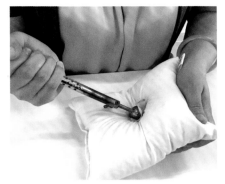

图2-3 烫瓣

图2-4 叶片粘合

图2-5 叶子的制作

图2-6 完成的叶子、花托

图2-7 组合

一、花瓣的制作方法

花的形状有喇叭形、扇形、椭圆形、圆形、唇形。喇叭形的花卉有牵牛花，花色为粉红色、蓝色、白色、紫色等，叶片呈宽卵形、近圆形。唇形的花卉有益母草，花的颜色从粉红色变成淡紫色、淡红色，叶片从长圆状菱形，变成卵圆形。

根据所需花型，剪下花瓣，晕染出最合适的颜色，再细致地为每一片花瓣烫出优美的弧度，手指反复揉捏赋予花瓣细腻的纹路表情，最后在花瓣的翻转折叠中组合搭配出一朵充满灵气的花朵（图2-8）。

图2-8 花瓣

二、叶子的制作方法

由于花的种类不同，叶子的形状也不一样。叶脉有纵向的，有横向再分叉的，也有曲线型的等。即使叶子形状是一样的，大小和叶脉形态也不尽相同，可根据脉络的走向使用筋痕烫头烫出叶子不同的形态（图2-9）。

图2-9　叶子

三、花萼、花托的制作方法

花萼是指花的最外面一轮叶状结构的萼片集合，呈绿色，主要起保护花蕾的作用，花开放以后则退化至花的下方。

花托是指位于花梗顶端呈膨大状或圆顶状的柄体，花托的形状随植物种类而异。

用面料裁剪出不同形状的花萼和花托，用少许南宝树脂将其粘贴在花朵底端，造型需要时可选取少许棉花辅助成型（图2-10）。

图2-10 花萼、花托

四、花蕊的制作方法

花蕊也是组成花朵的一部分。花蕊分为雌蕊和雄蕊，形态有所不同。

根据花蕊的形状选取合适的石膏芯，配合布条或棉花做出需要的形态（图2-11）。

图2-11 花蕊

图2-12～图2-19为完整造花作品。

图2-12 造花作品①

图2-13 造花作品②

图2-14 造花作品③

图2-15 造花作品④

图2-16 造花作品⑤

图2-17 造花作品⑥

图2-18 造花作品⑦

图2-19 造花作品⑧

第三章

花花万物

第一节 ❀ 春日篇

春天的颜色五彩缤纷，太阳是红灿灿的，天空是湛蓝的，树梢是嫩绿的，迎春花是娇黄的。每到春天，红得如火的木棉花，粉得如霞的芍药花，白得如玉的月季花竞相开放。它们有的花蕾满枝，有的含苞初绽，有的昂首怒放。一阵阵沁人心脾的花香引来了许多的小蜜蜂，嗡嗡嗡地边歌边舞。

一、牡丹

1．材料

牡丹花的构成：花1朵、花蕾1朵、叶3枚。

制作所需材料：薄绢、真丝双绉、缎布、花蕊2束、棉花少许、卷纸铁丝与纸带。

2．剪裁方法

牡丹各部位材质、数量、裁剪方法及结构线稿见表3-1。

表3-1　牡丹剪裁方法

名称	材质	纸型	数量	裁法	线稿
小花瓣1	真丝双绉	A	6	斜裁	
小花瓣2	真丝双绉	B	6	斜裁	
中花瓣3	真丝双绉	C	6	斜裁	
中花瓣4	真丝双绉	D	14	斜裁	
大花瓣5	真丝双绉	E	14	斜裁	
大花瓣6	真丝双绉	F	14	斜裁	

名称	材质	纸型	数量	裁法	线稿
花蕾	薄绢	G	1	斜裁	
花萼	缎布	H	2	斜裁	
叶	缎布	I	6	斜裁	

3. 着色

花朵根据设计着色，从内到外，颜色由浓到淡，可有色调的变化。叶子着绿色，茎布褐色（图3-1、图3-2）。

4. 制作方法

（1）取两根长约20cm的22号卷纸铁丝，先做钩端，粘裹棉花做成直径为0.5cm的椭圆形小球，用花蕾布包裹住，当作花芯。牡丹花蕊包裹在小球的四周，呈放射状，轴伸出约2cm，底部涂胶粘紧固定住，茎部用纸带裹好（图3-3）。

（2）用芍药烫头把花瓣边缘烫出纹理，用球形烫头在花瓣底部烫出凹形（图3-4、图3-5）。

（3）在花芯的周围，在3片小花瓣1的底部涂胶，从花芯基部的铁丝处错开粘上，然后按照顺序，把小花瓣2、中花瓣3依次交错粘贴在外圈。剩下的花瓣，将一片中花瓣4、一片大花瓣5、一片大花瓣6用一小截铁丝错开固定成一支。此方法制作14支，同样是将花瓣依次错开粘在基部外围，花瓣数量较多，花的基部下面不易粘好，可以把花倒着拿，背面向上，这样基部就能呈现平平的效果。

（4）花瓣贴好后，用茎布从花的茎部卷下来，如果卷纸铁丝的数量多，不好卷茎布，可以将外侧花瓣上的铁丝剪短再卷。

（5）花萼中间穿孔，熨烫出凹型后将茎部用铁丝穿过，粘贴在花的基部，缎面朝外。

（6）20号卷纸铁丝长约20cm，取两根作一支茎，茎端粘裹棉花做成椭圆形的花芯，三片小花瓣1错开粘贴，裹住花芯。小花瓣2、中花瓣3各3片底部涂胶，依次错开粘在花芯的外围，茎部用纸带卷好，花萼中间穿孔，贴在花蕾底部，调整好花蕾造型（图3-6、图3-7）。

（7）两片同样大小的叶片中间放入卷纸铁丝，布的背面涂胶，粘在一起作一支叶子，用刀形烫头熨烫出叶子脉络的形状（图3-8）。

（8）组合，花和叶子用茎布卷好（图3-9、图3-10）。

（9）完成后的牡丹造型如图3-11所示。

图3-1　着色

图3-2　材料准备

图3-3　花芯

图3-4　花瓣制作①

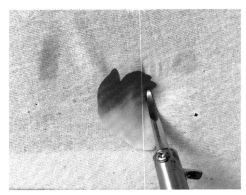

图3-5　花瓣制作②

图3-6　烫好的花瓣、花萼

图3-7　粘贴

图3-8　叶子

图3-9　组合

图3-10　成型

图3-11 成品

二、桃花

1．材料

桃花的构成：花8朵、花蕾4朵、大叶2枚、小叶2枚。

制作所需材料：真丝双绉、棉布、小粒雌蕊48粒、白色卷纸铁丝、绿色及棕色纸带。

2．剪裁方法

桃花各部位材质、数量、裁剪方法及结构线稿见表3-2。

表3-2　桃花剪裁方法

名称	材质	纸型	数量	裁法	线稿
小花瓣	真丝双绉	A	8	普通	
中花瓣	真丝双绉	B	16	普通	
大花瓣	真丝双绉	C	16	普通	
花蕾	真丝双绉	D	4	普通	
花萼	棉布	E	12	斜裁	
小叶	棉布	F	4	斜裁	
大叶	棉布	G	4	斜裁	

3. 着色

花朵着粉色，花蕾色可稍浓一些，大小花朵间有浓有淡。花蕊着嫩黄色。叶子着深浅嫩绿色（图3-12）。

4. 制作方法

（1）取黄色花蕊6粒，用纸带卷在卷纸铁丝（长约15cm）的顶端，作为花芯。

（2）用大小适合的圆形烫头，在每瓣花瓣的顶端背面熨烫出凹形，再在表面的另一侧烫出凹形，使花瓣有自然翘起的弧度，最后在花瓣的中心烫出凹形。小花瓣只要在表面各个顶端烫出凹形及中心位置烫凹即可（图3-13～图3-15）。

（3）大、中、小花瓣都烫好后，按照一朵花的量（小花瓣一片、中花瓣大花瓣各两片）从小到大依次重叠，中心打孔依次穿入花芯，上下的花瓣交错开，整理好形态，在花朵中心位置的背面，用胶粘住，底部再穿入花萼粘好（图3-16～图3-24）。

（4）取长15cm的20号卷纸铁丝，在顶端穿入适量的棉花，用胶粘揉，做出花蕾的形状，包上花蕾布，粘好，再在底部穿入花萼，粘贴住。

（5）叶片用刀形烫头按照叶脉的形状烫出脉络，茎部用卷纸卷好（图3-25）。

（6）把花朵和叶子组合起来，调整形态，做好造型，茎部用纸带卷好（图3-26～图3-28）。

（7）完成后的桃花造型如图3-29、图3-30所示。

图3-12 着色

图3-13 小花瓣制作①

图3-14 小花瓣制作②

图3-15 小花瓣成型

图3-16 花芯

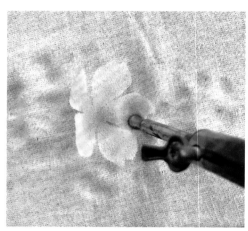

图3-17 中、大花瓣制作①

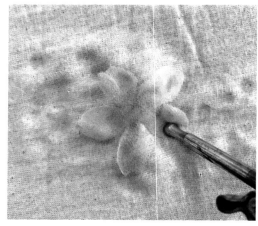

图3-18 中、大花瓣制作②

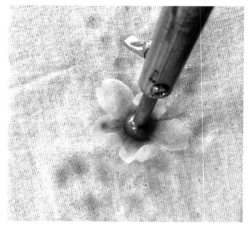

图3-19 中、大花瓣制作③

图3-20 中、大花瓣组合

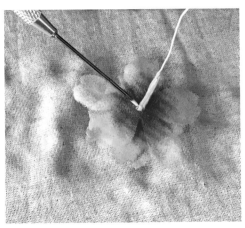

图3-21 穿入花芯

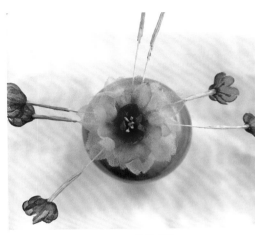

图3-22 花朵成型

图3-23 花萼

图3-24 花萼粘贴

图3-25 叶子、花蕾

图3-26 组合①

图3-27 组合②

图3-28 成型

图3-29 成品

图3-30 细节

三、铃兰

1. 材料

铃兰花的构成：花60朵、茎4支、大叶2枚、小叶3枚。

制作所需材料：缎布、花枝用的雌蕊6～8粒、小粒雌蕊60粒、白色卷纸铁丝、纸带。

2. 剪裁方法

铃兰各部位材质、数量、裁剪方法及结构线稿见表3-3。

表3-3　铃兰剪裁方法

名称	材质	纸型	数量	裁法	线稿
花瓣	缎布	A	60	普通	
小叶	缎布	B	6	斜裁	
大叶	缎布	C	4	斜裁	

3. 着色

花瓣不用着色，白色即可。叶子可着不同层次的嫩绿色（图3-31）。

4. 制作方法

（1）特制的铃兰形烫头在花瓣背面烫出吊钟形。

（2）在花瓣中间穿孔，把1粒白色雌蕊穿进，底部用胶粘好，同样的步骤制作60朵花（图3-32、图3-33）。

（3）花蕾用的雌蕊2粒，在卷纸铁丝的顶端，用纸带卷粘住，每间隔1cm左右，顺边粘贴1朵花，15～20朵花作一枝（图3-34）。

（4）花茎呈弧形弯曲，做出柔软自然的感觉。

（5）两片叶片做成一个叶子，用刀形烫头按照叶脉的形状烫出脉络，可适当用手把叶子扭出自然的弧度（图3-35）。

（6）把花朵和叶子组合起来，用纸带卷好固定住，整理花朵的形态，形成错落有致的视觉效果，大小叶分散在花的背面，用茎布束好即可（图3-36）。

（7）完成后的铃兰造型如图3-37所示。

图3-31　着色

图3-32　穿入花蕊

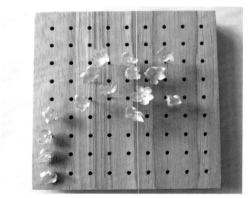

图3-33　花朵

图3-34　花枝

图3-35　叶子

图3-36　组合

图3-37 成品

四、蒲公英

1. 材料

蒲公英的构成：大花1朵、小花1朵、大叶2枚、小叶1枚。

制作所需材料：羽衣、添毛绒、白色卷纸铁丝、暗绿色纸带。

2. 剪裁方法

蒲公英各部位材质、数量、裁剪方法及结构线稿见表3-4。

表3-4 蒲公英剪裁方法

名称	材质	纸型	数量	裁法	线稿
小毛冠	羽衣	A	90	普通	
大毛冠	羽衣	B	110	普通	
小叶	添毛绒	C	2	斜裁	
大叶	添毛绒	D	4	斜裁	

3. 着色

叶子可着不同层次的绿色。

4. 制作方法

（1）取两根长约20cm的22号卷纸铁丝制作一枝花茎，一端做钩，粘裹棉花做成直径1cm的圆形小球，做两个（图3-38）。

（2）按纸型剪出长条，底部留出0.5cm，上面剪成极细的流苏，在底部涂胶，用镊子卷粘起来，用火燎一下底部（图3-39~图3-46）。

（3）把做好的每一颗毛冠底部粘胶，均匀地粘在圆形小球上，大花约110个组合而成，小花约需90个（图3-47、图3-48）。

（4）两片叶子中间插入铁丝粘成一个叶片，用刀形烫头熨烫出叶子的形态，用暗绿色纸带把茎卷好（图3-49）。

（5）组合花朵和叶子，按照生长形态搭配，高低错落有致（图3-50）。

（6）完成后的蒲公英造型如图3-51所示。

图3-38 花茎

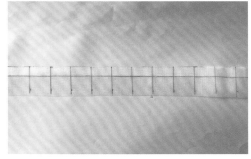

图3-39 毛冠绘制

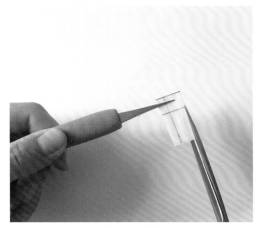

图3-40 裁剪

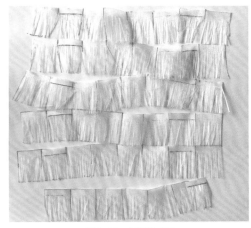

图3-41 剪好的成品

图3-42 卷粘

图3-43 粘好的成品

图3-44 火燎

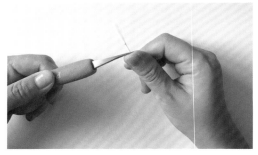

图3-45 定型

图3-46 毛冠完成

图3-47 粘贴

图3-48 蒲公英球冠

图3-49 叶子

图3-50 组合

图3-51 成品

第二节 ❀ 夏日篇

夏天是一个炎热又快乐的季节，夏天是多姿多彩的，沉静的湖蓝色，纯洁的乳白色，高贵的米黄色，热烈的大红色，典雅的银灰色，庄重的墨黑色……缤纷的色彩把温煦的夏日画满了清新的雏菊，馥郁的郁金香，圣洁的荷花，清香的栀子花，以及池塘边又绿又长的柳树，细长的柳条随风摇摆。

一、绣球花

1. 材料

绣球花的构成：大花10朵、中花14朵、小花18朵、大叶1枚、小叶2枚。

制作所需材料：棉绒、棉布、绣球花蕊42粒、暗绿色卷纸铁丝与纸带。

2. 剪裁方法

绣球花各部位材质、数量、裁剪方法及结构线稿见表3-5。

表3-5 绣球花剪裁方法

名称	材质	纸型	数量	裁法	线稿
小花瓣	棉布	A	13	斜裁	
小花瓣	棉绒	A	5	斜裁	
中花瓣	棉布	B	10	斜裁	
中花瓣	棉绒	B	4	斜裁	
大花瓣	棉布	C	7	斜裁	
大花瓣	棉绒	C	3	斜裁	

名称	材质	纸型	数量	裁法	线稿
小叶	棉布	D	4	斜裁	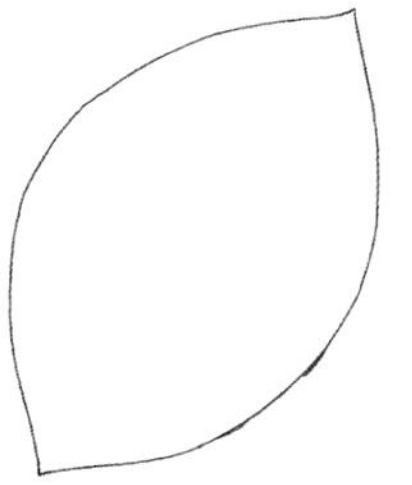
大叶	棉布	E	2	斜裁	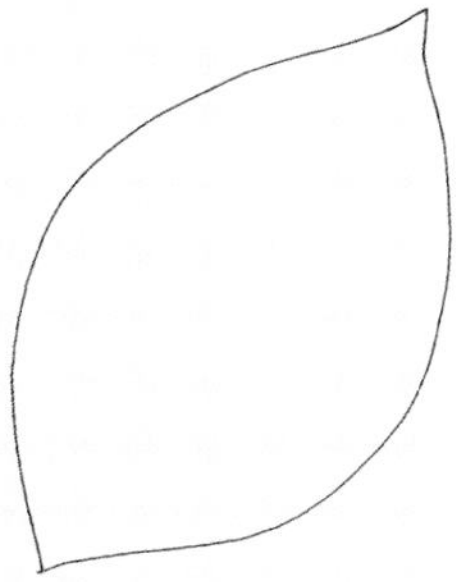

3. 着色

从小花瓣开始着色，小花瓣颜色最深，中、大花瓣的颜色依次渐浅，三种大小的花瓣颜色属于一个色系即可，粉、蓝、紫色系都可。大、小叶着不同深浅的草绿色，可以在叶子的一侧加入少许花瓣的色调（图3-52～图3-54）。

4. 制作方法

（1）用大小合适的圆形烫头在每瓣花瓣的背面烫出凹形，再反过来在花瓣表面的中心重重的烫出凹形。花心中间穿孔，穿入绣球花蕊，从背面用少许胶粘好，花蕊茎干着花朵同色（图3-55～图3-69）。

（2）两片叶片作成一个叶子，用刀形烫头按照叶脉的形状烫出脉络，茎用同色卷纸粘好。

（3）42朵花，浓淡配好色，3～4朵有小有大成一组，在花干下面长约3cm的花柄处，用同色纸带卷好粘住，把所有的花朵组成球形，再配上叶子，用茎布把茎卷好（图3-61、图3-62）。

（4）完成后的绣球花造型如图3-63、图3-64所示。

图3-52 剪板

图3-53 花瓣着色

图3-54 叶子着色

图3-55 花瓣制作①

图3-56 花瓣制作②

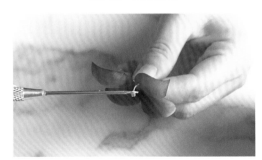

图3-57 穿入花蕊

图3-58 固定花蕊

图3-59 花朵成型

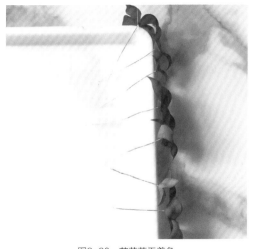

图3-60 花蕊茎干着色   图3-61 组合

图3-62 成型

图3-63 成品①

图3-64　成品②

二、大丽花

1. 材料

大丽花的构成：花1朵、大叶1枚、小叶2枚。

制作所需材料：棉绒、缎布、添毛绒、白色及暗绿色卷纸铁丝、暗绿色纸带。

2. 剪裁方法

大丽花各部位材质、数量、裁剪方法及结构线稿见表3-6。

表3-6　大丽花剪裁方法

名称	材质	纸型	数量	裁法	线稿
小花瓣	棉绒	A	1	斜裁	
中花瓣	棉绒	B	1	斜裁	
大花瓣	棉绒	C	1	斜裁	
大花瓣	缎布	C	1	斜裁	
花芯	棉绒	D	1	斜裁	
花萼	添毛绒	E	1	普通	
小叶	添毛绒	F	4	普通	
大叶	添毛绒	G	2	斜裁	

3. 着色

花瓣的中心着花的颜色，逐渐向边缘减淡；花蕾着浓色。叶子着深浅的绿色，在叶片的侧边，可渐染淡淡的花色。茎布先刷绿色，再刷花色，呈现融合的颜色。

4. 制作方法

（1）花心布各瓣表面向外，纵向地折成2折，折山在外侧，用手指轻轻地把花瓣向外拉，使花瓣的形状翘起呈现出向内侧弯曲的形状。

（2）小、中花瓣的底部用线缩缝，每瓣花瓣对折，用手指轻轻地把花瓣边拉翘起，向外侧呈弯曲的形状（图3-65）。

（3）大花瓣同样缩缝、对折熨烫，花瓣的顶端部分作出向内弯折的形状（图3-66、图3-67）。

（4）将四根约20cm长的卷纸铁丝，用茎布向下卷好为茎，花心布里面涂胶，向内卷在铁丝顶端粘好作为花芯（图3-68）。

（5）小花瓣底端穿线拉成圈状，圆心与花芯一样大小，底部涂胶粘在花芯下。中、大花瓣依次处理，注意底部要粘平，粘的时候注意花瓣间颜色的搭配。

（6）花萼中心打孔，穿过花茎，涂胶粘在花朵的背面。

（7）花蕾与花芯制作方法相同，花蕾布粘出形状后，底部用少许棉花包裹出饱满的形状，在萼布涂胶裹好粘牢。

（8）两片同样大小的叶片中间放入卷纸铁丝，粘在一起作一支叶子，用刀形烫头熨烫出叶子脉络的形状（图3-69、图3-70）。

（9）花朵、花蕾和叶子搭配组合成型（图3-71、图3-72）。

（10）完成后的大丽花造型如图3-73、图3-74所示。

图3-66 花瓣制作

图3-67 缩缝

图3-68 花芯

图3-65 花瓣着色、缝线

图3-69 叶子着色

图3-70 叶子、花萼

图3-71 组合

图3-72 成型

图3-73　成品

图3-74 细节

三、栀子花

1. 材料

栀子花的构成：花3朵、叶10枚。

制作所需材料：棉布、缎布、白色卷纸铁丝、褐色纸带。

2. 剪裁方法

栀子花各部位材质、数量、裁剪方法及结构线稿见表3-7。

表3-7 栀子花剪裁方法

名称	材质	纸型	数量	裁法	线稿
小花瓣	缎布	A	9	斜裁	
中花瓣	缎布	B	18	斜裁	
大花瓣	缎布	C	18	斜裁	
花托	棉布	D	3	斜裁	
叶	棉布	E	10	斜裁	

3. 着色

花朵可在花中心的位置着嫩绿色，也可不着色，白色花朵即可。叶子可着不同深浅的绿色。茎的颜色为深绿色或褐色。

4. 制作方法

（1）最小的花瓣浸湿后，用5分花瓣电烫头，在每片花瓣中央位置熨烫，呈圆圆的形状。

（2）小花瓣同样要领处理，在表面中央稍低的位置熨烫。

（3）中花瓣同样，在花瓣稍低的位置熨烫出圆形，大花瓣熨烫的位置更低一些。

（4）20号卷纸铁丝约20cm长，取两根制作一枝花茎，茎端粘裹棉花做成椭圆形的花芯，茎部用墨绿色纸带卷好（图3-75）。

（5）中、大的花瓣边，部分用卷边烫头做出反翘的形状，部分用手指捻出波纹（图3-76）。

（6）三片小花瓣缎面朝外，里部涂胶按间隔包裹住棉花球，糊好成花芯。中花瓣三片，底部涂胶，粘在外围（图3-77）。

（7）三片中花瓣、六片大花瓣缎面朝内，底部涂胶，片与片交错开粘在外侧，组成花形（图3-78、图3-79）。

（8）花托中间穿孔，里部涂胶，粘在大花瓣下面（图3-80）。

（9）两片同样大小的叶片中间放入卷纸铁丝，粘在一起为一支叶子，用刀形烫头熨烫出叶子脉络的形状（图3-81、图3-82）。

（10）把花朵和茎叶组合在一起，用纸带卷好固定住，整理花朵的形态，大小叶分散在花的背面，用茎布束好即可（图3-83~图3-84）。

（11）完成后的栀子花造型如图3-85所示。

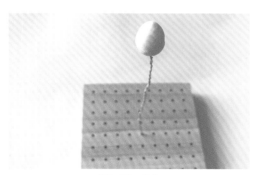

图3-75 花芯

图3-76 花瓣熨烫

图3-77 花朵制作①

图3-78 花朵制作②

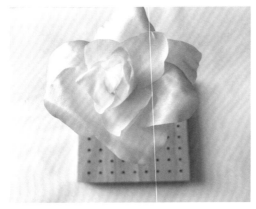

图3-79 花朵成型

图3-80 粘花托

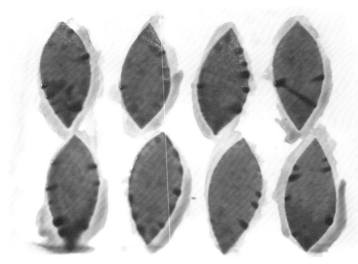

图3-81 叶子着色

图3-82 叶子

图3-83 组合

图3-84 成型

图3-85 成品

四、金莲花

1. 材料

金莲花的构成：大花6朵、花蕾3朵、花苞2朵、大叶1枚、中叶3枚、小叶5枚。

制作所需材料：薄绢、棉布、暗绿色卷纸铁丝和纸带、塑胶管（口径0.3cm）。

2. 剪裁方法

金莲花各部位材质、数量、裁剪方法及结构线稿见表3-8。

表3-8　金莲花裁剪方法

名称	材质	纸型	数量	裁法	线稿
中花瓣	棉绒	A	12	斜裁	
大花瓣	棉绒	B	18	斜裁	
花蕾1	棉绒	C	3	斜裁	
花蕾2	薄绢	D	2	普通	
小花萼	棉绒	E	2	斜裁	
中花萼	棉绒	F	3	斜裁	

名称	材质	纸型	数量	裁法	线稿
大花萼	棉绒	G	6	斜裁	
小叶	棉绒	H	5	斜裁	
中叶	棉绒	I	3	斜裁	
大叶	棉绒	J	1	斜裁	

3. 着色

花瓣和花蕾布浸湿后，顶端向中心着花朵的颜色，待干后，从底部向上，画上放射状的紫红色线条。花瓣里面需贴上卷纸铁丝，铁丝上染上花瓣的颜色。叶子、花萼和茎部着深浅不同的绿色（图3-86）。

4. 制作方法

（1）16粒雌蕊染上黄色，其中的3粒再着一层红色。取2支15cm长的卷纸铁丝，顶部粘上雌蕊，大约高2cm，穿入塑胶管，卷上茎布。

（2）大、中花瓣内部中间贴上染好色的卷纸铁丝，铁丝下端延伸出约0.5cm，烫出花瓣的形态。在花芯约1.5cm高的地方，用大花瓣3枚，中花瓣2枚粘贴成一朵花。底部外侧裹少许棉花做出稍稍鼓起的形状（图3-87、图3-88）。

（3）将花蕾1底部粘胶，贴上卷纸铁丝，卷起来，铁丝穿入塑胶管，卷茎布，用1枚中花瓣包着花蕾布粘好，底部裹少许棉花，贴上花萼布（图3-89～图3-91）。

（4）将卷纸铁丝对折，折处钩裹上少许棉花呈0.5cm大小的球形，四周涂胶，用花蕾2布裹住，底端粘上小花萼布（图3-92～图3-95）。

（5）用三根暗绿色卷纸纸带卷成的卷纸铁丝，在叶子上按三叉星的形状从外向内贴住，到中间并成一枝，穿入塑胶管，用茎布卷好（图3-96、图3-97）。

（6）把花蕾、花瓣、叶子组合好，大花在中间，花蕾高一些，用铁丝扎紧，尾部的茎修剪整齐，花瓣捻出自然的波状表情（图3-98）。

（7）完成后的金莲花造型如图3-99所示。

图3-86　着色

图3-87 花瓣粘铁丝

图3-88 花朵成型

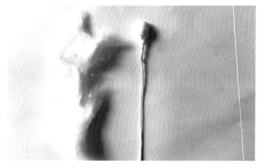

图3-89 花蕾1制作①

图3-90 花蕾1制作②

图3-91 花蕾1成型

图3-92　花蕾2制作①

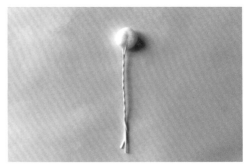

图3-93　花蕾2制作②

图3-94　花蕾2制作③

图3-95　花蕾2成型

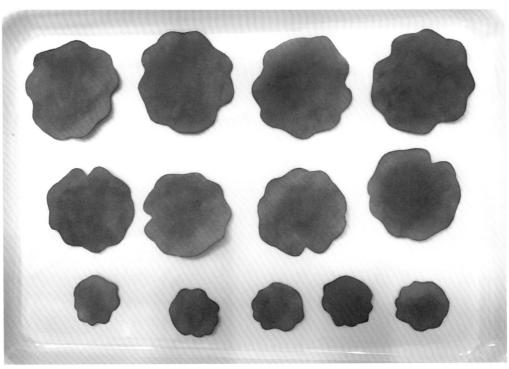

图3-96　叶子着色

图3-97 叶子制作

图3-98 组合

图3-99 成品

第三节 ❀ 秋日篇

　　秋风吹过，落叶纷纷，叶子一片一片飘落在地上，带着秋天独有的魅力，渲染着大地的金黄。清凉的空气，火红的枫叶，美丽的菊花，金黄的桂花……这是秋天独有的景色。秋天是沉甸甸、收获的季节，秋雨轻轻敲打着窗户，茶香悠远，温情而婉约。秋天就是这么独特！

一、菊花

1. 材料

菊花的构成：花1朵、花蕾1朵、大叶1枚、小叶2枚。

制作所需材料：薄绢、缎布、添毛绒、暗绿色卷纸铁丝和纸带。

2. 剪裁方法

菊花各部位材质、数量、裁剪方法及结构线稿见表3-9。

表3-9 菊花剪裁方法

名称	材质	纸型	数量	裁法	线稿
最小花瓣	薄绢	A	2	普通	
小花瓣	薄绢	B	2	普通	
中花瓣	薄绢	C	2	普通	
大花瓣	缎布	D	1	普通	
大花瓣	薄绢	D	1	普通	
最大花瓣	薄绢	E	1	普通	

名称	材质	纸型	数量	裁法	线稿
花芯	棉绒	F	2	普通	
花萼	添毛绒	G	2	普通	
小叶	添毛绒	H	4	斜裁	
大叶	添毛绒	I	2	斜裁	

3. 着色

花蕾与花同色，着色应有浓有淡。花芯用棉线包束，直径约2cm，着花色。叶子着深浅不同的绿色，边缘可带一些淡淡的花色。

4. 制作方法

（1）染好花色的棉线，用有韧性的纸紧紧卷好粘住，等干后切两个厚度0.8cm的圆柱，作为花芯。

（2）取六支长约20cm的卷纸铁丝，顶端卷成圆形的平台，涂上胶，盖上薄薄的棉花，下面用茎布卷好，棉花表面粘胶，把花芯棉线平平地贴紧，花芯点上红色、绿色，干后小心地去掉外围的纸，然后用染好色的花芯布裹住一圈粘贴好（图3-100）。

（3）大花瓣顶端用筋镘烫成翘起的形状，小花瓣向内反翘，翘起的程度更大一些，把菊花开放的姿态做出来（图3-101）。

（4）花瓣的中间涂胶，按照大小排列，重叠粘紧，中心打孔，穿入花茎，花芯周围涂胶，用花瓣包裹粘牢（图3-102～图3-105）。

（5）花蕾与花同样制作，花蕾的花瓣会烫得更卷一些，先包花芯，再贴萼布（图3-106）。

（6）两片叶片作成一个叶子，用刀形烫头按照叶脉的形状烫出脉络，茎用同色卷纸粘好（图3-107、图3-108）。

（7）把花和花蕾整理好形态，和叶子一起组合起来（图3-109）。

（8）完成后的菊花造型如图3-110所示。

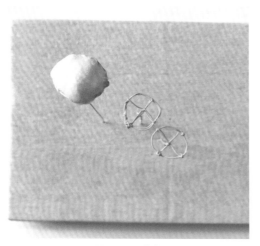

图3-100 花芯

图3-101 材料准备

图3-102 花瓣背面粘卷纸铁丝

图3-103 花瓣准备

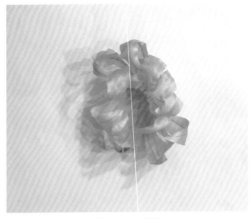

图3-104 熨烫

图3-105 花朵

图3-106 花蕾

图3-107 叶子、花萼①

图3-108 叶子、花萼②

图3-109 组合

图3-110　成品

二、丹桂

1. 材料

丹桂的构成：花80朵、大叶2片、小叶3片。

制作所需材料：平面绒、缎布、绿色卷纸铁丝和纸带、小石膏花芯80粒。

2. 剪裁方法

丹桂各部位材质、数量、裁剪方法及结构线稿见表3-10。

表3-10　丹桂剪裁方法

名称	材质	纸型	数量	裁法	线稿
花瓣	平面绒	A	80	普通	
小叶	缎布	B	3	斜裁	
大叶	缎布	C	2	斜裁	

3. 着色

花瓣着明黄色。叶子着深浅不同的绿色，叶边缘着花色。

4. 制作方法

（1）花瓣按照花型剪开，着好色后，中心位置色可深一些。用小圆形烫头烫出每一瓣花的造型，中间用铃兰形烫头烫出凹形（图3-111～图3-113）。

（2）花芯染成黄色，在花瓣中间穿孔，把1粒花芯穿进，底部用胶粘好，同样的步骤制作80朵（图3-114、图3-115）。

（3）两片叶片制作成一个叶子，用刀形烫头按照叶脉的形状烫出脉络，可适当用手把叶子扭出自然的弧度（图3-116、图3-117）。

（4）把花朵和叶子组合起来，用纸带卷好固定住，整理花朵的形态，形成错落有致的视觉效果，大小叶分散在花的背面，用茎布束好即可（图3-118）。

（5）完成后的桂花造型如图3-119、图3-120所示。

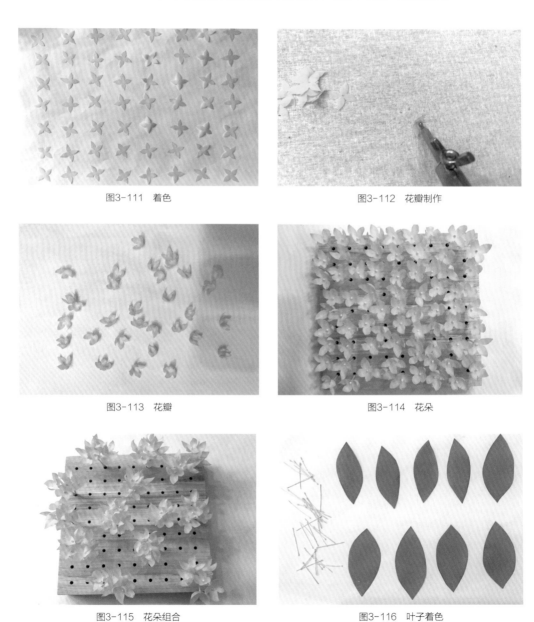

图3-111　着色

图3-112　花瓣制作

图3-113　花瓣

图3-114　花朵

图3-115　花朵组合

图3-116　叶子着色

图3-117 叶子

图3-118 组合

图3-119 成品

图3-120　细节

三、铁线莲

1. 材料

铁线莲的构成：花2朵、花蕾1朵、大叶2枚、中叶2枚、小叶3枚、最小叶2枚。

制作所需材料：木棉、白色与暗绿色卷纸铁丝、白色纸带。

2. 剪裁方法

铁线莲各部位材质、数量、裁剪方法及结构线稿见表3-11。

表3-11 铁线莲剪裁方法

名称	材质	纸型	数量	裁法	线稿
花瓣	木棉	A	2	普通	
花芯1	木棉	B	2	纵裁	
花芯2	木棉	C	2	普通	
花蕾	木棉	D	1	斜裁	
最小叶	木棉	E	4	斜裁	
小叶	木棉	F	6	斜裁	
中叶	木棉	G	4	斜裁	
大叶	木棉	H	4	斜裁	

3. 着色

花朵着紫色，从边缘往中心刷，中心线部分留白。花芯着黄色，下端刷嫩绿色，边缘带一些淡淡的花色。花蕾底部着嫩绿色，向上渐淡，边缘刷淡淡的花色。大、中叶片刷绿色，叶边缘刷黄色，小叶片着嫩绿色（图3-121）。

4. 制作方法

（1）花芯1按照纸型间隔0.2cm深约1cm剪开，用一段暗绿色约20cm长的卷纸铁丝前端折钩，勾住花芯布的一端，花芯布内侧涂胶卷好粘紧（图3-122）。

（2）花芯2做法和花芯1相同，按间隔剪开，中心穿孔，穿入花芯1（图3-123）。

（3）在花芯1底部涂胶，用花芯2包裹住粘好，调整剪开的部分，组合成一个完整的花芯形态（图3-124、图3-125）。

（4）花瓣用和花同色的卷纸铁丝贴在里面，用圆形烫头从内侧把花瓣熨烫呈八字形，翻过来，再在各瓣的中心用刀镘烫出一条线，在花瓣的底部烫出凹凸感，边缘部分捻成波状，使花瓣形态更逼真（图3-126）。

（5）在花瓣中心打孔，穿入花芯，底部用胶粘好。

（6）用约20cm长的暗绿色卷纸铁色对折，中间用棉花粘胶做成花蕾的形状，花蕾布涂上胶，三片布从三面包裹住棉花，边缘用手捻成花蕾的尖端形态。

（7）两片叶片制作成一个叶子，用刀形烫头按照叶脉的形状烫出脉络，茎用同色卷纸粘好。

（8）组合花朵和叶子（图3-127）。

（9）完成后的铁线莲造型如图3-128、图3-129所示。

图3-121 着色

图3-122 花芯 1

图3-123 花芯 2①

图3-124 花芯 2②

图3-125 花芯、叶子、花蕾

图3-126 花瓣背面粘卷纸铁丝

图3-127 组合

图3-128 成品

图3-129 细节

四、棉花

1. 材料

棉花的构成：花6朵、花托6枚。

制作所需材料：木棉、棉花、铁丝、卷纸铁丝和褐色纸带（图3-130）。

2. 剪裁方法

棉花各部位材质、数量、裁剪方法及结构线稿见表3-12。

表3-12 棉花裁剪方法

名称	材质	纸型	数量	裁法	线稿
小花托	木棉	A	6	普通	
小花托	木棉	B	6	普通	
大花托	木棉	C	6	普通	

3. 着色

大花托着棕色，小花托着淡淡的大地色。

4. 制作方法

（1）小花托的叶片在红色标记的地方贴上卷纸铁丝，然后两片小花托按数字对应，在有卷纸铁丝的地方粘胶，注意这里只粘住有铁丝的窄窄一条即可（图3-131、图3-132）。

（2）把粘贴好的两片小花托，黏附在大花托上，小花托呈立体状态（图3-133）。

（3）在花托的中心打孔，片与片之间粘上适量的棉花，穿入棕色卷纸铁丝定型（图3-134、图3-135）。

（4）整理好棉花的形状，按需要搭配组合（图3-136）。

（5）完成后的棉花造型如图3-137所示。

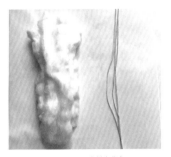

图3-130　材料准备

图3-131　花托制作①

图3-132　花托制作②

图3-133　花托制作③

图3-134　粘棉花

图3-135　铁丝固定棉花

图3-136　成型

图3-137　成品

第四节 ❀ 冬日篇

　　冬日的暖阳，虽然少了一份夏天时的骄横，但多了一份热情；虽然少了一份夏天时的肆无忌惮，但多了一份含蓄如水般的宁静。穿云破雾的暖阳，柔柔地披洒在人们的身上，走在洒满冬日暖阳的路上，湛蓝静谧的天空，温暖的阳光，花瓣叠叠层层的山茶花，叶姿秀美、亭亭玉立的水仙花，挥去了严寒，给人带来清闲、恬静、闲逸的浓浓温情。

一、玫瑰

1. 材料

玫瑰花的构成：花1朵、花蕾1朵、大叶2枚、小叶3枚（图3-138）。

制作所需材料：薄绢、缎布、丝绵、黄绿色纸带和卷纸铁丝。

2. 剪裁方法

玫瑰各部位材质、数量、裁剪方法及结构线稿见表3-13。

表 3-13　玫瑰裁剪方法

名称	材质	纸型	数量	裁法	线稿
花瓣 1	缎布	A	6	斜裁	
花瓣 2	缎布	B	5	斜裁	
花瓣 3	缎布	C	3	斜裁	
花萼 1	薄绢	D	1	斜裁	
花萼 2	薄绢	E	1	斜裁	
花蕾 1	丝绵	F	3	斜裁	
花蕾 2	丝绵	G	3	斜裁	

名称	材质	纸型	数量	裁法	线稿
花蕾3	丝绵	H	3	斜裁	
花蕾4	丝绵	I	4	斜裁	
小叶	缎布	J	6	斜裁	
大叶	缎布	K	4	斜裁	

3. 着色

花瓣着色，花瓣越大颜色越淡。同一朵花既可以是一个色系，也可是不同色系深浅搭配。花萼与叶子同色，花萼的顶端可着一些花色（图3-139、图3-140）。

4. 制作方法

（1）将4支15cm长的卷纸铁丝对折，折处顶端糊裹上一些棉花，做成椭圆形的花芯。

（2）用5分圆形烫头在小花瓣的中间熨烫，使其表面凸起（图3-144）。

（3）中花瓣在中间稍下的地方熨烫，花瓣边缘部分用卷边烫头烫出卷翘的形状。

（4）大花瓣用圆形烫头在花瓣的底端熨烫，花瓣边缘烫出反翘的姿态。花瓣反翘的方向可以有正有反，表现出花朵自然的形态。

（5）用花瓣1面料裹在棉花花芯外面，涂胶粘好。

（6）花瓣2底部涂胶，从三个方面粘上。

（7）花瓣2与花瓣3错开粘贴，底部粘牢，花瓣边缘可粘少许个点，使花瓣不会张开脱落。

（8）花瓣底部粘少许棉花，再贴上花萼，再用纸带把茎部包好（图3-142）。

（9）用棉花做一个花芯，花蕾1包裹住贴好，花蕾2底部粘胶粘贴一圈，花蕾3和花蕾2错开粘贴，花蕾4在最外围错开粘贴一圈。

（10）叶子上用筋镘烫出脉络，两片粘作一支，中间粘上卷纸铁丝（图3-143、图3-144）。

（11）花朵、花蕾和叶子整理成型，花蕾、小叶在上，可用铁丝弯曲成装饰枝条，表现出花枝的形态（图3-145、图3-146）。

（12）完成后的玫瑰造型如图3-147、图3-148所示。

图3-138　材料准备

图3-139　着色①

图3-140　着色②

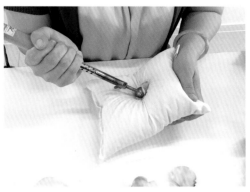

图3-141　花瓣制作

图3-142 花朵

图3-143 叶子制作

图3-144 叶子、花萼

图3-146 成型

图3-145 组合

图3-147　成品

图3-148　细节

二、山茶花

1. 材料

山茶花的构成：花2朵、花蕾1朵、花苞2朵、大叶3枚、小叶6枚。

制作所需材料：棉麻、缎布、平绒、白色与暗绿色卷纸铁丝。

2. 剪裁方法

山茶花各部位材质、数量、裁剪方法及结构线稿见表3-14。

表3-14 山茶花剪裁方法

名称	材质	纸型	数量	裁法	线稿
小花瓣	棉麻	A	9	斜裁	
中花瓣	棉麻	B	6	斜裁	
大花瓣	棉麻	C	6	斜裁	
花芯	缎布	D	2	斜裁	
小花萼	平绒	E	3	普通	
大花萼	平绒	F	2	普通	
小叶	平绒	G	12	斜裁	
大叶	平绒	H	6	斜裁	

3. 着色

花瓣着深红色，贴在花瓣里面的卷纸铁丝2支，也着成花的颜色。花芯棉花部分染粉色，花芯着黄色。叶子着不同深浅的绿色（图3-149）。

4. 制作方法

（1）花芯布用小花瓣烫头用力熨烫，烫成向内弯曲的形状（图3-150）。

（2）将两支15cm长22号卷纸铁丝合在一起，先端裹棉花约2cm粗，成蚕茧形，花芯布里面未剪裂的部分涂胶，卷在棉花上粘好，保持花芯蚕茧的形态。

（3）小花瓣从里面的中心位置，用5分烫头熨烫，同时用力地向基部移动，烫出蓬起的形态，注意花边不可弄出皱纹（图3-151）。

（4）中、大花瓣从里面中心稍下的位置，同样用5分烫头用力烫出圆弧形，花瓣边缘，从背面用卷边烫头烫出反翘的形状（图3-152）。

（5）大、中、小花瓣里面中心偏下的位置，顺着弧形贴好着好色的卷纸铁丝，底部延伸出2cm长，剪断（图3-153、图3-154）。

（6）贴紧花芯底部的茎上裹少许棉花，上多下少，长约2cm。小花瓣底部涂胶，从三个方向包裹住花芯，基部粘好（图3-155）。中花瓣底部涂胶，与小花瓣错开粘好，大花瓣同样要领粘好。茎部用卷纸卷好。

（7）花萼布大小2枚，用3分电烫头，从里面在各瓣烫出凹形，中心穿孔，穿入茎，大萼的边缘涂胶，贴在花的底部，小萼贴在大萼的下面，瓣与瓣之间要错开粘贴（图3-156）。

（8）20号卷纸铁丝取2支作一支，卷好茎布，先端裹棉花做成花蕾的形状，3片小花瓣用5分烫头从里面在中心部分烫成圆弧形，底部涂胶，从三面包裹好花芯并粘好，茎布卷好，花萼同样要领粘好，花蕾成型。

（9）用棉花做出一个直径约1.5cm的圆球，外面裹上染成花色的圆布，底部粘上花萼，作为花苞（图3-157）。

（10）两片同样大小的叶片中间放入卷纸铁丝，粘在一起作一支叶子，用刀形烫头烫出叶子脉络的形状（图3-158）。

（11）把花朵、花蕾和叶子整理成型，花蕾、小叶在上，叶子呈互生的形态卷在花茎上，表现出花枝的形态（图3-159）。

（12）完成后的山茶花造型如图3-160、图3-161所示。

图3-149　着色

图3-150　花芯

图3-151　小花瓣制作

图3-152　中、大花瓣制作

图3-153　背面贴卷纸铁丝

图3-154　烫出造型

图3-155　花苞

图3-156　花朵

图3-157　花蕾

图3-158　叶子

图3-159　组合

图3-160 成品

图3-161 细节

三、水仙

1. 材料

水仙的构成：花16朵、大叶7枚、小叶3枚。

制作所需材料：薄缎、薄绢、白色大粒雌蕊16粒、小粒雌蕊40粒、白色卷纸铁丝。

2. 剪裁方法

水仙各部位材质、数量、裁剪方法及结构线稿见表3-15。

表3-15 水仙剪裁方法

名称	材质	纸型	数量	裁法	线稿
花瓣	薄缎	A	16	斜裁	
花筒	薄绢	B	16	斜裁	
花萼	薄绢	C	16	斜裁	
花苞	薄绢	D	16	斜裁	
小叶	薄缎	E	6	斜裁	
大叶	薄缎	F	14	斜裁	

3. **着色**

花瓣着淡淡的黄色，花筒和花芯从边缘往内上色，着较浓的黄色。卷纸铁丝着成花色。叶子从底部向边缘上色，颜色越向外越淡，边缘可着一点花色。萼布先刷绿色，干后，再着一层花色（图3-162）。

4. **制作方法**

（1）取黄色的大粒雌蕊1粒、小粒2～3粒，底部留2cm长，取两支长约15cm的卷纸铁丝，顶端粘胶，和雌蕊扎在一起，作为花芯（图3-163、图3-164）。

（2）花芯的铁丝穿入塑胶管，卷好茎布。

（3）花筒布按纸型剪好，用筋镘从里面烫出细痕，底边缩缝，轻轻地拉伸一下底边，卷起来粘成筒状。底边涂上胶，穿入花芯，将缩缝的线拉紧，做出花筒鼓鼓的形状。雌蕊不可高出花筒的边缘，粘牢（图3-165）。

（4）在每片花瓣上烫出线痕纹理和凹凸感。

（5）花瓣的中间，按照花筒大小剪开小口，花筒底部涂胶，穿过花瓣布，把花瓣粘贴好（图3-166）。

（6）花萼布中间涂胶，粘在花朵的底部，再贴上花苞布，做出花弯曲的形态（图3-167～图3-170）。

（7）叶子上用筋镘烫出脉络，两片粘作一支，中间粘上卷纸铁丝（图3-171、图3-172）。

（8）把花和叶组合成型，注意表现出水仙花的姿态（图3-173）。

（9）完成后的水仙花造型如图3-174、图3-175所示。

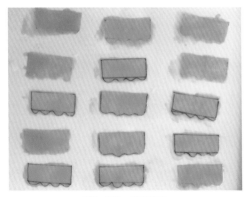

图3-162 花筒着色

图3-163 花芯着色

图3-164 花芯

图3-165 花瓣、花筒

图3-166 花朵

图3-167 花萼、花苞布

图3-168 贴萼

图3-169 贴花苞布

图3-170 花朵成型

图3-171 叶子着色

图3-172 叶子

图3-173 组合

图3-174 成品

图3-175 细节

四、木莓

1. 材料

木莓的构成：花5朵、花蕾4朵、果实3粒、大叶6枚、小叶4枚。

制作所需材料：薄绢、木棉、平面绒、暗绿色和棕色卷纸铁丝和纸带、大粒雌蕊140粒、中粒雌蕊70粒。

2. 剪裁方法

木莓各部位材质、数量、裁剪方法及结构线稿见表3-16。

表3-16　木莓剪裁方法

名称	材质	纸型	数量	裁法	线稿
花瓣	薄绢	A	5	普通	
花蕾	薄绢	B	4	普通	
花芯	平面绒	C	5	纵裁	
花朵萼	木棉	D	5	普通	
花蕾萼	木棉	E	4	斜裁	
果实萼	木棉	F	3	普通	
小叶	木棉	G	8	斜裁	
大叶	木棉	H	12	斜裁	

3. 着色

花瓣中心着淡淡的嫩草色，花芯刷黄色。花蕾刷淡淡的草绿色。白色的大粒雌蕊着绛红色（图3-176）。

4. 制作方法

（1）花芯布按纸稿裁剪，取一根长约15cm卷纸铁丝顶端做钩，挂在花芯布的一端，卷好做花芯，着黄色（图3-177）。

（2）在每一片花瓣的表面和背面都烫出凹凸的花形，穿入花芯粘好，调整花瓣的形态，底部粘上花萼（图3-178～图3-183）。

（3）取15cm长的卷纸铁丝对折，对折处粘棉花，做棉花球，作花蕾用。贴上花蕾布，底部粘花朵萼（图3-184、图3-185）。

（4）取两根长15cm卷纸铁丝作一支，用暗绿色纸带包茎，顶端用棉花做一个椭圆形，涂成紫红色。将雌蕊高低搭配地裹在棉球外围一起，做成果实状，雌蕊涂成浆果色，粘好后，穿上花朵萼布粘好。同样的果实大小不同做三支（图3-186～图3-191）。

（5）两片叶片作成一个叶子，用刀形烫头按照叶脉的形状烫出脉络，茎用同色卷纸粘好。

（6）花朵、花蕾、果实、大叶、小叶组合在一起，注意高低错落有致。茎布用暗绿色卷纸铁丝包好（图3-192）。

（7）完成后的木莓造型如图3-193、图3-194所示。

图3-176 着色

图3-177　花芯

图3-178　花瓣制作①

图3-179　花瓣制作②

图3-180　花瓣制作③

图3-181　花朵组合

图3-182　花朵①

图3-183　花朵②

图3-184　花蕾组合

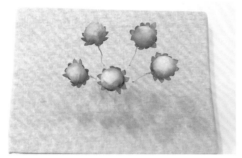

图3-185　花蕾

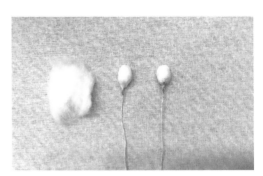

图3-186　果实制作①

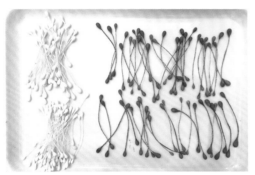

图3-187　果实制作②

图3-188　果实制作③

图3-189　果实制作④

图3-190　果实制作⑤

图3-191　果实制作⑥

图3-192　组合

图3-193 成品

图3-194 细节

第四章

造花艺术的创意应用

第一节 ❖ 配饰篇

　　配饰能表现出造花的柔美和娇嫩的形态。能分辨出阴阳浓淡的光影，才是最美的造花，制作时要像处理真实的生花一样才好。

　　豪华与艳丽的造花，大都用于午后晚间作为饰花。制作的要领，枝状的花束枝梢向下的形态较为美丽，还有茎应是柔软的，佩戴时要把它装饰成自然下垂的形状。

一、胸针（图4-1、图4-2）

图4-1　胸针①

图4-2　胸针②

二、帽饰（图4-3）

图4-3 帽饰

三、耳饰（图4-4）

图4-4　耳饰

四、发饰（图4-5、图4-6）

图4-5 发饰①

图4-6　发饰②

第二节 ❀ 花艺篇

　　人见到美的事物，就会在内心有美的感受。只有与艺术无缘的人，才会对美无动于衷。造花艺术的美，是机械无法制作出来的。造花只凭人手的技巧来制作，也不能算是艺术。就像生长的花，它自然的形态与人的心情一样，人造的花要有人的个性与情感，能够从布置效果上表现出来，这花就是活的了。

一、扇子（图4-7）

图4-7　扇子

二、捧花（图4-8）

图4-8 捧花

三、插花（图4-9）

图4-9 插花

参考文献

[1] 李苍彦，滑树林. 北京绢花[M]. 北京：北京工艺美术出版社，2009.

[2] 山田幸子. 花与花语：184种常见四季花卉手册[M]. 石衡哲，译. 北京：人民邮电出版社，2018.

[3] 范文东. 色彩搭配原理与技巧[M]. 北京：清华大学出版社，2018.

[4] 陈德志. 中外高级定制时装设计元素比较研究[D]. 成都：四川师范大学，2013.

附录1 案例线稿

线稿使用说明：每种花型线稿的对应字母与剪裁方法表格中一致，数字代表制作一朵完整的花需要的瓣数。

一、牡丹

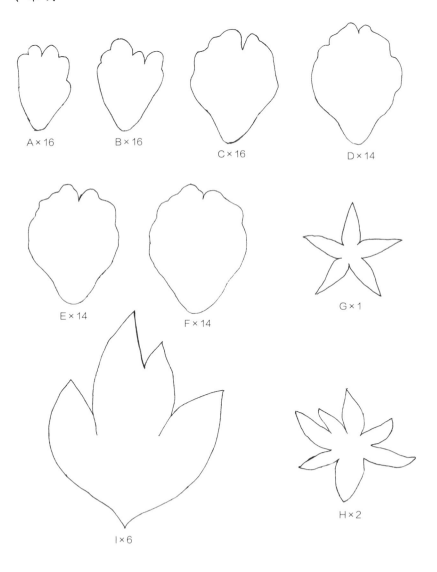

A×16　　B×16　　C×16　　D×14

E×14　　F×14　　G×1

I×6　　H×2

二、桃花

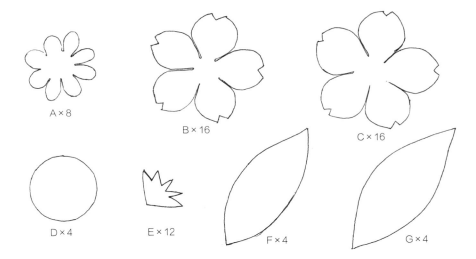

A×8

B×16

C×16

D×4

E×12

F×4

G×4

三、铃兰

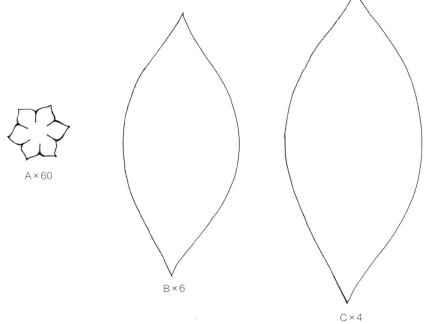

A×60

B×6

C×4

四、蒲公英

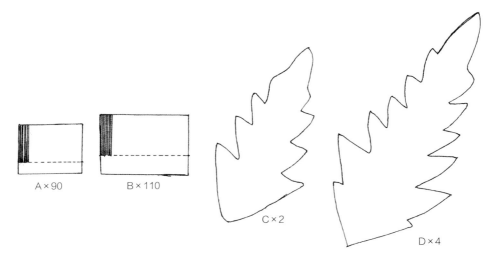

A×90

B×110

C×2

D×4

五、绣球花

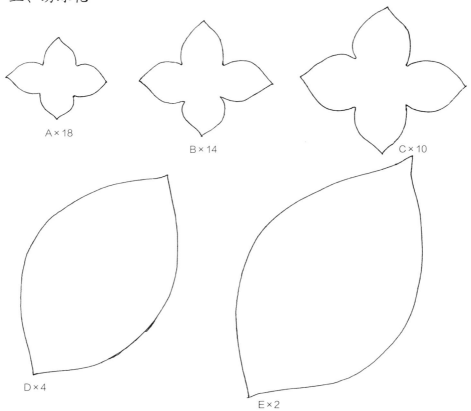

A×18

B×14

C×10

D×4

E×2

六、大丽花

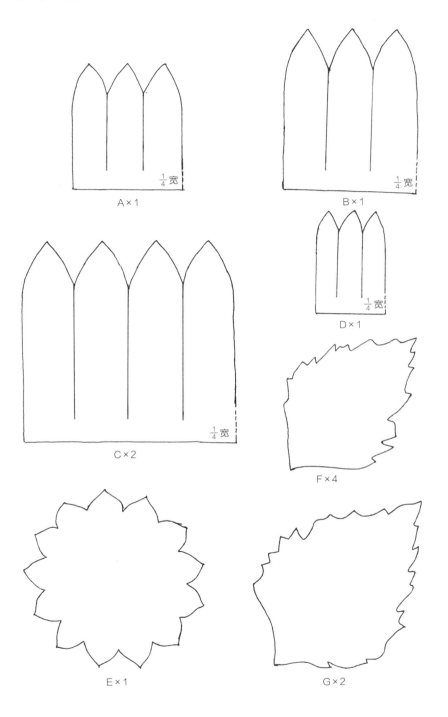

A×1

B×1

C×2

D×1

F×4

E×1

G×2

七、栀子花

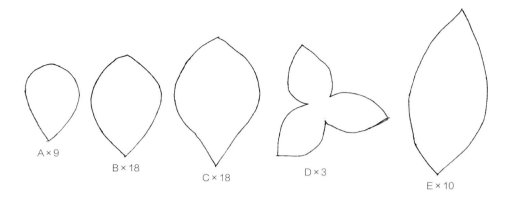

A×9

B×18

C×18

D×3

E×10

八、金莲花

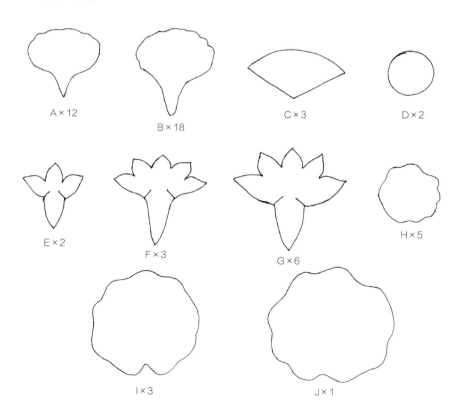

A×12

B×18

C×3

D×2

E×2

F×3

G×6

H×5

I×3

J×1

九、菊花

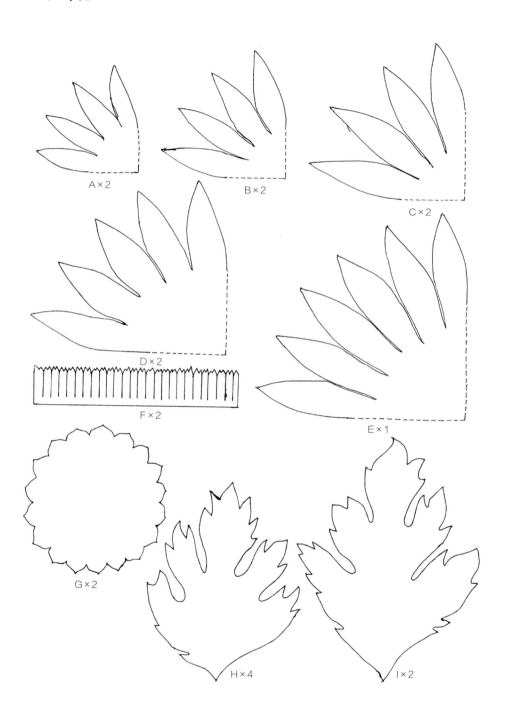

A×2

B×2

C×2

D×2

F×2

E×1

G×2

H×4

I×2

十、丹桂

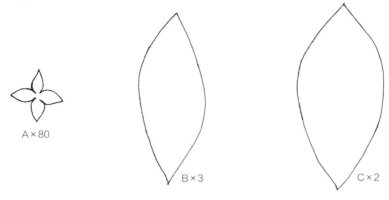

A×80

B×3

C×2

十一、铁线莲

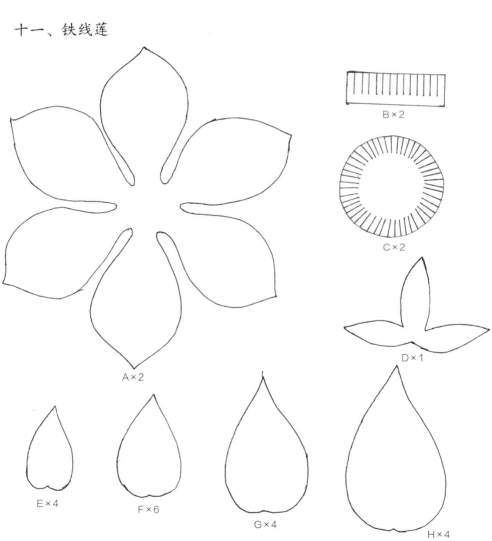

A×2

B×2

C×2

D×1

E×4

F×6

G×4

H×4

十二、棉花

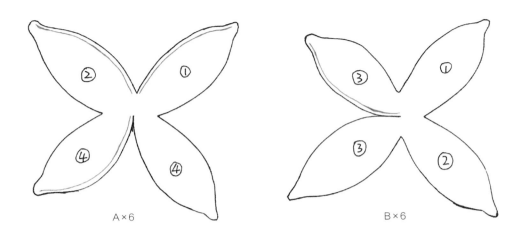

A×6

B×6

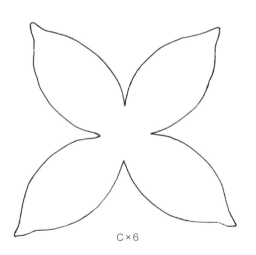

C×6

十三、玫瑰

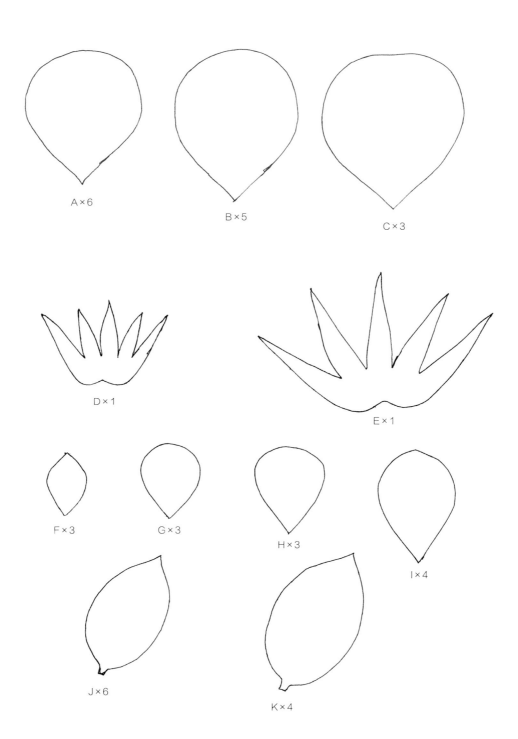

A×6

B×5

C×3

D×1

E×1

F×3

G×3

H×3

I×4

J×6

K×4

十四、山茶花

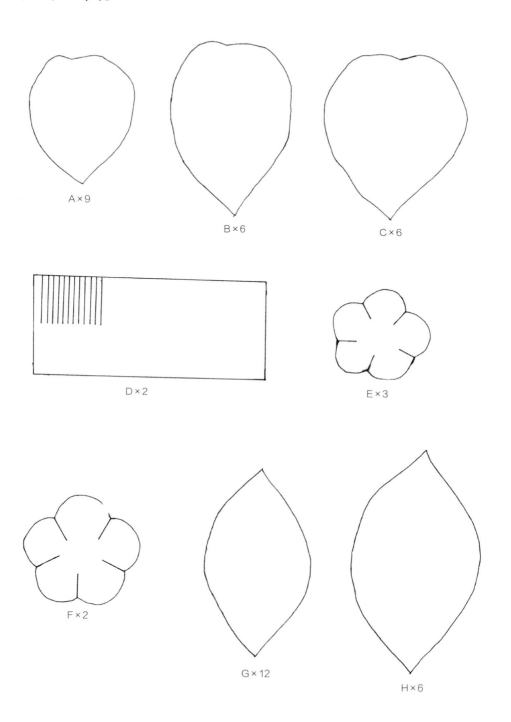

A×9

B×6

C×6

D×2

E×3

F×2

G×12

H×6

十五、水仙

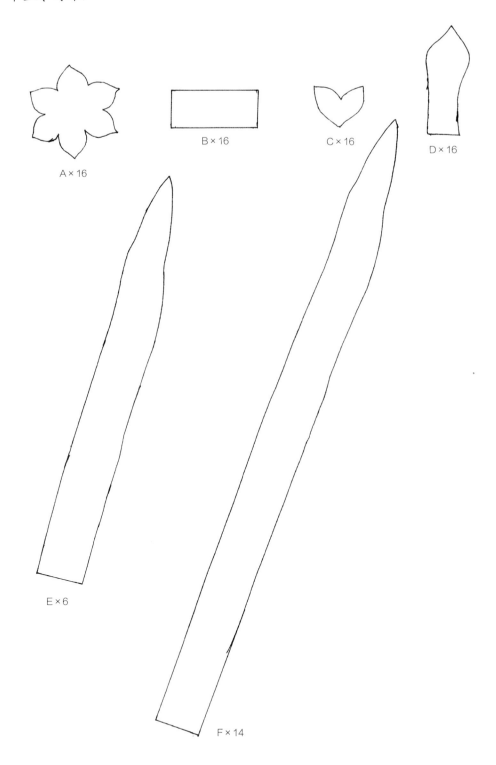

A × 16

B × 16

C × 16

D × 16

E × 6

F × 14

十六、木莓

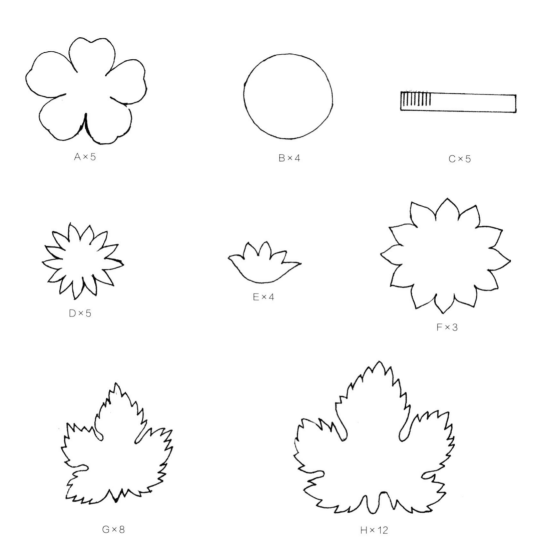

A×5

B×4

C×5

D×5

E×4

F×3

G×8

H×12

附录2 案例配套视频二维码

扫描二维码，即可观看制作步骤视频。

1. 造花的染色方法

2. 花瓣的制作方法

3. 叶子的制作方法

4. 花蕊的制作方法

5. 花苞的制作方法

6. 完整造花的制作方法